Formale Stereochemie
einiger wichtiger Kohlenwasserstoffe

Von

Dr. A. Schleicher
Privatdozent a. d. Kgl. Techn. Hochschule zu Aachen

Mit 23 Abbildungen und 2 Kurvenbildern

München und Berlin 1917
Druck und Verlag von R. Oldenbourg

Vorwort.

Im vorliegenden wird der Versuch gemacht, entgegen der bisher gebräuchlichen realen Auffassung von der Anordnung der Atome im Raume, die Beziehungen dieser zueinander rein formal darzustellen. Der dabei verfolgte Zweck ist, den erkenntniskritischen Forderungen von der Auffassung der chemischen Formel gerecht zu werden. Dies gelingt durch enge Anlehnung an die Geometrie und Physik der Kristalle, insbesondere durch Verwendung des Symmetriegrades, des einzelnen oder gleichzeitigen Auftretens der drei Symmetrieelemente: Achse, Ebene und Drehspiegelung. Zugleich werden nicht nur neue, interessante Beziehungen aufgedeckt zwischen Kristall und Konstitution, sondern es wird auch die Möglichkeit eröffnet, die letztere nur mit Bezug auf die in ihr waltenden Kräfte zu behandeln.

München, Ende Oktober 1916.

A. Schleicher.

Inhaltsübersicht.

	Seite
A. Die Äthanbindung	1
1. Das Äthan	1
2. Die Homologen des Äthans	4
3. Ungesättigte Kohlenwasserstoffe (außer Äthylen, Azetylen und deren Polymere)	15
B. Die Äthylenbindung	20
1. Das Äthylen	20
2. Das Tri-, Tetra- und Pentamethylen	21
C. Die Azetylenbindung	24
1. Das Azetylen	24
2. Das Benzol	25
D. Schlußwort	28

Literatur.

A. Werner, Lehrbuch der Stereochemie, Jena 1904.
A. Hantzsch, Grundriß der Stereochemie, Leipzig 1904.
P. von Groth, Physikalische Krystallographie, Leipzig 1905.

A. Die Äthanbindung.

1. Das Äthan.

Die Stereochemie des Kohlenstofftetraeders leitet die Kohlenwasserstoffe, und zwar die gesättigten wie die ungesättigten, aus dem Methan CH_4 ab, indem sie die Tetraeder, welche in ihrer Mitte das Kohlenstoffatom und nach ihren Ecken die vier Valenzen gerichtet enthalten, in bestimmter Weise miteinander kombiniert. So entstehen die gesättigten Kohlenwasserstoffe, indem zunächst zwei Tetraeder einander derart durchdringen, daß je eine Ecke des einen in die Mitte des anderen gelangt und die Valenzen in eine Richtung zusammenfallen (Abb. 1).

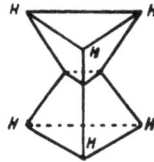

Abb. 1.

Diese Art des Ineinanderfügens läßt sich an den verbleibenden sechs Ecken, den Wasserstoffatomen des Äthans, fortsetzen, und so sind alle Homologe, seien es nun die normalen oder die isomeren, in Modellform darstellbar.

In dieser Weise ist nun aber die Darstellung noch unvollkommen, sie spiegelt noch nicht ganz die Eigenschaften z. B. des Äthans. Wohl kommt hier zum Ausdruck, daß man es als ein Substitutionsprodukt des Methans betrachten kann, in welchem ein Wasserstoffatom durch den verbleibenden Rest, die Methylgruppe, ersetzt wird und daß beide Reste als solche unverändert auch in der neuen Form vorhanden sind. Was aber nicht hervortritt, ist die Tatsache, daß Disubstitutionsprodukte von der allgemeinen Formel: CH_2X — CH_2X nicht in zwei isomeren Formen, sondern nur in

einer vorkommen. Theoretisch wären nämlich die zwei
Anordnungen der Abb. 2 zu erwarten.

Um dem gerecht zu werden, hat man den beiden Tetraedern um ihre gemeinsame Achse, die Bindung $C-C$, freie
Drehbarkeit zugesprochen, man hat, mit anderen Worten,
festgesetzt, daß irgendwelche bestimmte Beziehungen zwischen
den Wasserstoffatomen der beiden Gruppen nicht bestehen.
In der Art aber, wie die Modelle gebraucht werden, ist eine
solche vorhanden, und zwar in Gestalt einer Symmetrieebene, welche die ganze Form in zwei spiegelbildlich gleiche
Hälften zerlegt und ausdrücklich jedem oberen Wasserstoffatom ein unteres zuordnet.

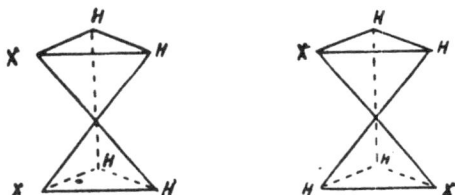

Abb. 2.

Man kann nun durch eine kleine Änderung am Modell
dieselbe aufheben und den experimentell gefundenen Tatsachen gerecht werden, wenn man eine der Gruppen um 60°
dreht, so daß jedes obere Wasserstoffatom zwischen zwei
untere fällt. Abb. 3 zeigt die Anordnung in perspektivischer
Darstellung und in Ansicht von oben[1].

Die Symmetrieebene ist verschwunden und an ihre Stelle
eine sechszählige Achse und Ebene der zusammengesetzten
Symmetrie getreten[2]. Das heißt, es bestehen zwei gleiche
gleiche Gruppen, von denen jede drei gleiche Atome — Wasserstoff — besitzt, die einem in einer dreizähligen Achse ge-
legenen Kohlenstoffatom zugeordnet sind. Zugleich ist diese
Achse für die ganze Form eine sechszählige, indem das
Ganze sechs gleiche Atome — Wasserstoff — enthält, die

---

[1] s. a. Bischoff, Berl. Ber. 24, 1048. Zelinsky, Berl.
Ber. 24, 3997.

[2] Groth, a. a. O. S. 319 und 328.

dieser zwei Kohlenstoffatome führenden Achse zugeordnet
sind. Sie stehen also zueinander in der Beziehung der
Drehung und Spiegelung. Da es für die Betätigung der
Drehspiegelung vollkommen gleichgültig ist, ob sie nach
rechts oder links erfolgt, so führt auch die Substitution von
einem Atom Wasserstoff in jeder der beiden Gruppen zu einem
eindeutigen Produkt gleichviel, ob zu einem oberen ein unteres
rechtes oder linkes gewählt wurde. Es soll eben die Kon-
figuration einer Verbindung nicht die absolute Stellung der
Atome, sondern die Gesetzmäßigkeit ihrer Beziehungen zueinander ausdrücken. — Die Anordnung der Abb. 3 läßt
indes doch ein zweites Disubstitutionsprodukt erwarten, wenn

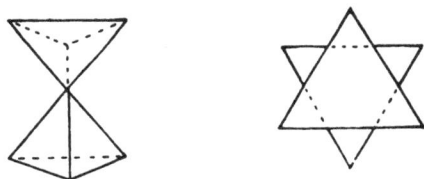

Abb. 3.

nämlich die Drehspiegelung um 180⁰ erfolgt. Es werden ja
auch unter bestimmten Umständen gewissermaßen Isomere
beobachtet[1]), auf welche jedoch hier nicht näher eingegangen
werden soll.

Man kann endlich von der Tetraederkombination der
letzten Abbildung zu einer auch äußerlich geläufigen, kri-
stallographischen Form gelangen, wenn man noch folgenden
Schritt tut:

Es haben sich nämlich zu der Hauptachse, der Bindung $C-C$, drei gleichgeneigte Nebenachsen, je ein oberes
und ein unteres Wasserstoffatom tragend gesellt. Legt man
nun durch diese Atome Flächen parallel den beiden anderen
Achsen, so erhält man ein Rhomboëder (Abb. 4), dessen
Größenverhältnisse — der von den Nebenachsen einge-
schlossene Winkel — noch nicht näher bestimmt werden
sollen und dessen spitze Polecken in der Verlängerung der

---

[1]) Hantzsch, a. a. O. S. 100. Werner, a. a. O. S. 444.

Hauptachse liegen. In diese Polecken sollen nun die Kohlenstoffatome gerückt werden.

Der Gedanke, die Wasserstoffatome des Methans, d. h.
die Bindungsstellen der Kohlenstoffatome in die Tetraeder-
flächen zu verlegen, ist bereits von Wunderlich, Knoe-
venagel und neuerdings von Lindner[1]) zur Verwendung
gekommen, doch ist in allen diesen Versuchen die Affinität
senkrecht auf diese Fläche gerichtet, und somit unterscheiden
sich die vorliegenden Anschauungen von jenen darin, daß
sie ausdrücklich die Bindung $C-H$ in die Flächen verlegt.
Sie verzichtet dabei auf jede Vorstellung über die Gestalt
der Atome und die Natur der Affinität.

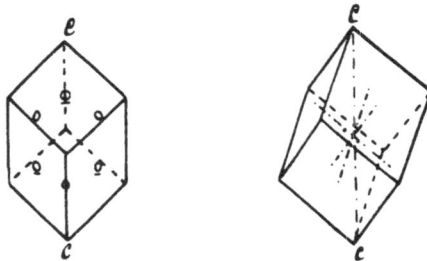

Abb. 4.

2. Die Homologen des Äthans.

Die Wahl des Rhomboeders als Konfigurationssymbol für
das Äthan hat nicht nur den Vorteil, durch seinen Symmetriegrad — die Kombination von Symmetrieebene und -achse —
das chemische Verhalten dieses Kohlenwasserstoffes er-
schöpfend darzustellen, sondern sie gestattet, aus ihm sämt-
liche Kohlenwasserstoffe der Methanhomologie durch ein
einziges Prinzip abzuleiten. Dieses fußt auf der kristallo-
graphisch wichtigen und häufig auftretenden Erscheinung
der Zwillingsbildung und Umlagerung.

---

[1]) Die Konstitution des Benzols. Berlin 1913, 75.

Als Vorbild mögen hier Beobachtungen und Versuche am Rhomboeder des Kalkspats dienen. Dieser zeigt Zwillingsbildungen, welche auch durch Umlagerung beim Pressen von Kalkspatrhomboedern in bestimmtem Sinn von Reusch und von Baumhauer erhalten wurden.[1]) Abb. 5 zeigt die Umlagerung bei dem Baumhauerschen Versuch.

Eine auf die obere Kante bei a senkrecht zu dieser aufgesetzte Messerschneide lagert

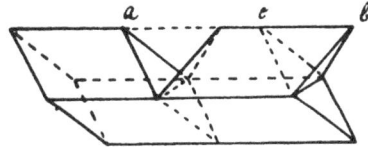

Abb. 5.

bei genügend großem Druck die obere Hälfte des Rhomboeders so um, daß die ursprünglich in c vorhandene Ecke in b als Polecke erscheint und somit ein Zwilling entsteht, in welchem eine Ebene als Symmetrieebene auftritt, die vorher als solche nicht vorhanden war. Denkt man sich diese Umlagerung an einem ganzen Rhomboeder vollzogen, so erhält man eine Form, wie sie Abb. 6 zeigt.

Das Ganze besteht nun aus zwei Rhomboederecken (Polecken), welche einen einspringenden Winkel einschließen, der durch die gemeinschaftliche Symmetrieebene halbiert wird.

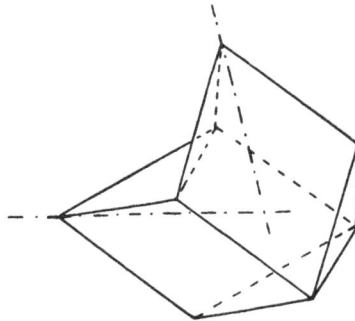

Abb. 6.

Dieser äußeren Form entsprechen nun auch die physikalischen Eigenschaften. Die ganze Masse des umgelagerten Teiles ist homogen, aber die an die Richtung der Hauptachse gebundenen Eigenschaften sind der neuen Polecke entsprechend orientiert. So ist die umgelagerte Masse einachsig mit der gleichen Doppelbrechung wie vorher, aber die optische Achse liegt in der symmetrisch entgegengesetzten Richtung, wobei die Zwillingsebene als Symmetrieebene wirkt.

[1]) Groth, a. a. O. S. 245 u. f.

Die Ableitung der Zwillingsbildung kann auch auf einem zweiten Wege, und zwar in Anlehnung an den Versuch von Reusch erfolgen.

Stellt Abb. 7[1]) den Hauptschnitt eines Kalkspatrhomboeders dar, so wird dieser zunächst im Sinne der gestrichelten Ebene abgeschliffen und alsdann einem Druck senkrecht von oben unterworfen. Es erfolgt eine teilweise Umlagerung der Substanz, so daß sich der Hauptschnitt nun wie in Abb. 8 darstellt. Am völlig intakten Rhomboeder würde sich die Umlagerung wie in Abb. 9 er-

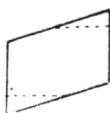 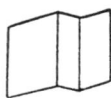

Abb. 7.   Abb. 8.

weisen. Die ganze Form ist von einer Lamelle entgegengesetzt orientierter Substanz durchzogen. Im einfachsten Falle, nämlich dem der Abb. 10, lagert diese an einer der Polkanten und unterscheidet sich von dem Fall der Abb. 6 äußerlich nur darin, daß die umgelagerte Substanz ihrer Menge nach kleiner ist als die nicht veränderte.

Was bedeutet nun ein solcher Umlagerungsvorgang für das Äthanrhomboeder? — Die zwei dreiflächigen Polecken mit ihren Bindungen $C—H$ sind nach wie vor vorhanden. Zwischen sie ist eine neues Symmetrieelement getreten, welches sie miteinander verbindet.[2]) Somit hat sich auch zwischen die beiden Methylgruppen des Äthans ein Glied geschoben, dessen Bedeutung zunächst nur aus dem letzteren der beiden Umlagerungsvorgänge abgeleitet werden soll. Rein äußerlich sind nämlich von den ursprünglich vorhandenen drei Flächen der umgelagerten Polecke noch zwei ungeknickt vorhanden, und somit tritt die Methylengruppe CH_2 als Bindeglied auf. Abb. 10 zeigt also das Symbol des Propans.

Es wird im folgenden diese Art der Ableitung beibehalten werden, da hierbei die beiden C-H-Bindungen der Methylen-

---

[1]) Die Größenverhältnisse der Zeichnungen entsprechen nicht den beim Kalkspat beobachteten.

[2]) Die Zwillingsebene schneidet die Hauptachse und zwei Nebenachsen.

gruppe äußerlich, wenn auch nur in Flächenteilen, sichtbar bleiben.

a) Normale Homologe.

Vom Propan stehen der theoretischen Ableitung zwei Wege offen, und zwar kann der Ersatz von Wasserstoff an einer endständigen Methylgruppe oder an einer Methylengruppe stattfinden. So entsteht aus dem Propan im ersten Falle das normale Butan, aus diesem durch die gleiche Operation das normale Pentan; dieses liefert ebenso das normale Hexan, kurz die ganze theoretisch unbeschränkte Reihe der normalen Homologen der Grenzkohlenwasserstoffe.

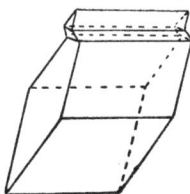 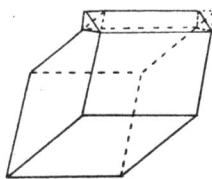

Abb. 9.   Abb. 10.

Der gleiche durch stete Wiederholung charakterisierte Vorgang wird nicht nur an natürlichen Zwillingen beobachtet, sondern läßt sich auch in Modellform darstellen. Findet also die Zwillingsbildung nach dem gleichen Gesetz bei paralleler Orientierung der Zwillingsebenen statt, so entstehen Formen, wie bereits Abb. 9 eine zeigte. Es ist das Modell des Butans, besitzt zwei gleichorientierte Polecken — Methylgruppen — und zwei durch parallele Zwillingsbildung erzeugte, aber entgegengesetzt gerichtete Methylengruppen, welche die beiden endständigen Methylgruppen verbinden. Findet an einer dieser wiederum Umlagerung statt, so entsteht eine neue, d. h. entgegengesetzt gerichtete Methylgruppe, während die frühere nun als Methylengruppe fungiert. So lagert sich im steten Wechsel der Orientierung CH_2 an CH_2 zur theoretisch unbegrenzten Formel der normalen Paraffine: $CH_3 — (CH_2)_n — CH_3$. Am Modell erscheint jede Methylengruppe als eine Lamelle von unbestimmter Dicke und be-

hält ihre Bedeutung selbst, wenn sie in der Größe eines schma-
len Streifens, wie beim Kalkspatvielling, auftritt. Ist diese
Streifung genügend fein, so nimmt die ganze Form die Gestalt

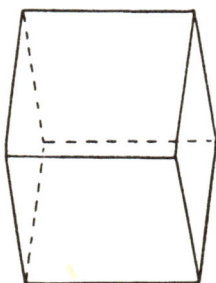

eines rhombischen Prismas an, dessen
Endflächen aus den treppenförmigen Zwil-
lingsstreifen der vielfach geknickten Rhomboederflächen gebildet werden (Abb. 11).
Dieser allmählichen Formveränderung
entspricht nun auch das chemische wie
physikalische Verhalten der Grenzkohlenwasserstoffe. Vom Äthan bis zu den
höchsten Paraffinen ändert sich das Verhalten stetig, anfänglich stärker, späte-
immer weniger. Während das Anfangs-

Abb. 11.

glied zwei Methylgruppen in unmittelbarer Verbindung miteinander besitzt, schieben sich bei allen folgenden Methylengruppen dazwischen, und zwar in stetig wachsender Anzahl. Sie
walten schließlich vor, verdrängen die Methylgruppen, so daß

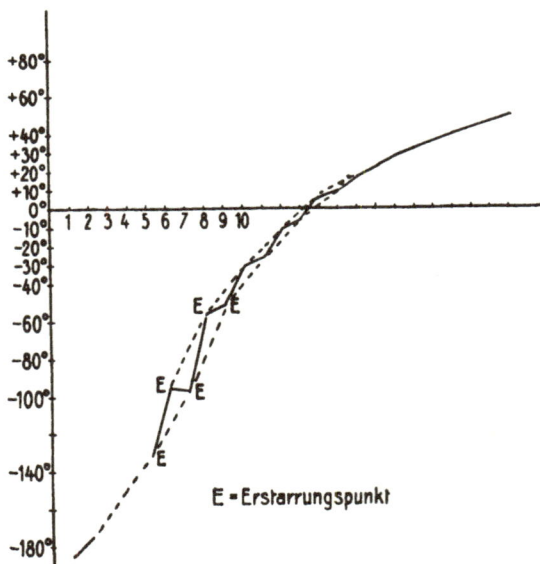

E = Erstarrungspunkt

Kurvenbild 1.

deren Eigenart kaum mehr zum Ausdruck gelangt. Die Schmelz-
punktskurve der Kohlenwasserstoffe (Kurvenbild 1) steigt
zunächst steil an, flacht sich aber mit wachsender Zahl der
Methylengruppe ab. Ein besonderes Interesse verdienen jedoch von allen Substitutionsprodukten der Paraffine die
Monokarbonsäuren. Sie lassen sich namentlich deshalb mit
den Kohlenwasserstoffen vergleichen, weil ihr Energiegehalt,
an den Verbrennungswärmen gemessen, mit Bezug auf gleiche
Anzahl Kohlenstoffatome gleich ist. Anderseits aber haben
die Kohlenwasserstoffe durch die Aufnahme der Karboxyl-
gruppe eine beträchtliche Verfeinerung ihrer Eigenschaften
erfahren. Was zunächst das chemische Verhalten anbetrifft,
so sind die ersten Glieder relativ starke, reaktionsfähige Säuren,
was von den letzten Gliedern nicht mehr gilt. Die ersten Glieder sind starkriechende, leichtflüchtige, mit Wasser in jedem
Verhältnis mischbare Säuren. Die späteren Glieder, z. B.
die Stearinsäure schmilzt erst bei 69°, sie siedet nur unter
stark vermindertem Druck unzersetzt und ist fast indifferent
und geruchlos. Die Schmelzpunktkurve zeigt den gleichen allgemeinen Verlauf, wie die der Kohlenwasserstoffe (Kurvenbild 2).

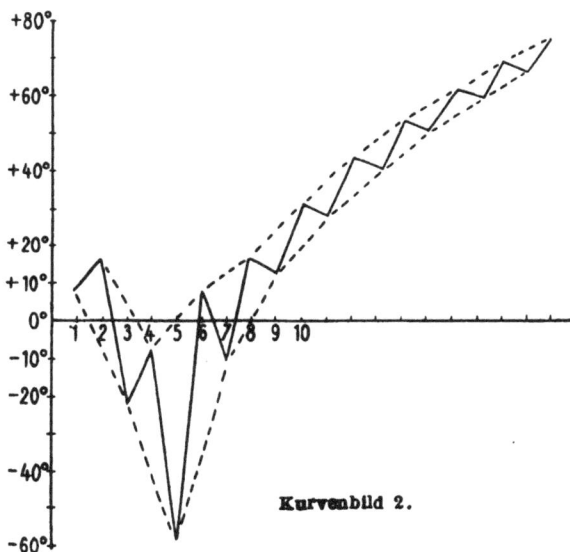

Kurvenbild 2.

Dies Verhalten beobachtet man ganz allgemein bei allen ausgesprochen, konstitutiven Eigenschaften, beim Schmelzpunkt, Siedepunkt, der Löslichkeit und dem spezifischen Gewicht, ein anfänglich starkes, dann allmählich abnehmendes Steigen der Werte. Es ist, als ob sie einem endgültigen Grenzwert zustrebten, wie er einer einheitlichen Verbindung zukommt.

In dem steten Wechsel der Orientierung scheint nun auch eine weitere Eigentümlichkeit der Schmelzpunkte ihren Ausdruck zu finden, nämlich das Alternieren derselben, wie es beide Kurvenbilder zeigen. Die Verbindungen mit gerader Zahl der Kohlenstoffatome haben stets den höheren, die mit ungerader stets den niedrigeren Schmelzpunkt, so daß zwei einander sich stetig nähernde Kurven entstehen. Ein gleiches Alternieren der endständigen Methylgruppen weisen auch die Modelle und Abbildungen der Kohlenwasserstoffe auf. Geradzahlige besitzen gleichgerichtete, ungeradzahlige entgegengesetzt gerichtete Endgruppen, und auch bei ihnen verschwindet dieser Unterschied, je mehr Methylengruppen vorhanden sind, je mehr die äußere Form vom Rhomboeder zum Prisma übergeht.

b) Die isomeren Homologen.

Findet zum anderen der Ersatz von Wasserstoff durch die Methylgruppe an einer Methylengruppe des Propans statt, so entstehen die isomeren Kohlenwasserstoffe, das sekundäre oder Isobutan: $CH_3 \cdot CH \cdot CH_3 \cdot CH_3$. Durch Wiederholen derselben Operation verschwindet an diesem auch das dritte Wasserstoffatom, und es resultiert das tertiäre Pentan: $CH_3 \cdot C \cdot (CH_3)_3$. Nun sind aber auch von den drei gleichwertigen Flächen des Rhomboeders nach der Zwillingsbildung noch zwei übrig geblieben, die in gleicher Weise wie die erste der Umlagerung durch Druck unterliegen können. Man beobachtet auch an Kalkspatzwillingen solche wiederholte Zwillingsbildung an ein und derselben Polecke. Abb. 12 und Abb. 13 zeigen dies; sie können somit als die stereochemischen Symbole für das Isobutan und das tertiäre Pentan angesehen werden.

Mit diesen beiden Fällen sind die Möglichkeiten der Ver-
zweigung theoretisch erschöpft, und es lassen sich somit alle

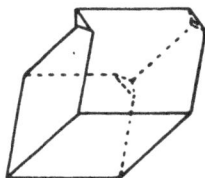   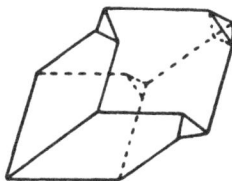

Abb. 12.   Abb. 13.

höheren, normalen und isomeren Kohlenwasserstoffe als
Zwillinge des Äthans mit paralleler oder zyklischer Verwachsung der einzelnen Individuen auffassen.

c) Der Ringschluß.

Von allen möglichen Verzweigungen bei der Zwillingsbildung beanspruchen diejenigen Formen ein besonderes
Interesse, welche an einer oberen und einer der ihr benachbarten beiden unteren Polkanten Umlagerungen erfahren
haben.   Die dabei neu entstandenen beiden Polecken sind
ja, wie die ihnen entsprechenden Methylgruppen, zur Zwillingsbildung befähigt.   Dabei rücken sich aber die endständigen Ecken immer näher.   Man erkennt dies am besten
an Hand kleiner Modelle, indem man einzelne Rhomboeder
in der genannten zyklischen Zwillingsstellung aneinander-
fügt.   Pappmodelle lassen sich durch Verkleben mit Steif-
gaze dauernd in die richtige Zwillingsstellung zueinander
bringen (Abb. 14).

Bereits bei der Bildung des Propans — Abb. 6 u. 14 —
durch Kombinieren zweier Rhomboeder findet eine Näherung
der beiden endständigen Ecken statt, ihre Entfernung ist
dank des für alle Zwillinge charakteristischen einspringenden
Winkels kleiner, als die doppelte Länge der beiden C—C-Achsen.
Findet beim Butan die Anlagerung eines dritten Rhomboeders in der beschriebenen Weise statt, so ist die Entfernung

der endständigen Ecken wiederum eine kleinere (Abb. 15). Sie wird es noch mehr, wenn auch an der zuletzt gebildeten wiederum Anlagerung eines Rhomboeders zwecks Pentandar-

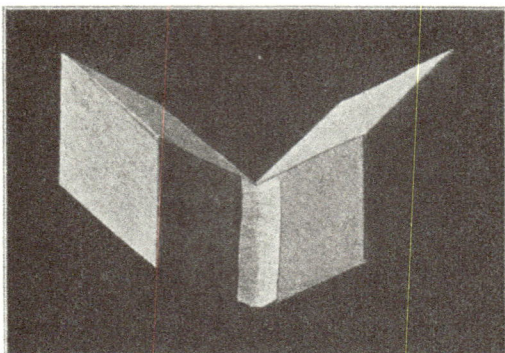

Abb. 14.

stellung erfolgt. Man wird aber bei Ausführung des Versuches erkennen, daß er nicht mit jedem beliebigen Rhomboedermodell möglich, sondern von dessen charakteristischer Größe, nämlich von dem Achsenwinkel abhängig ist, welchen

Abb. 15.

die Achsen H—H miteinander bilden. Es ist dies der gleiche Winkel, den die Polkanten einschliessen. Beträgt er z. B. 45°, so lassen sich mehr als drei Rhomboeder nicht in die geforderte Stellung zueinander bringen. Ist der Winkel groß, etwa 75°, so scheint noch ein fünftes Modell Platz zu haben, hat er dagegen den Mittelwert von genau 60°, so ist die Annäherung bis zur Berührung der endständigen Ecken fortgeschritten (Abb. 16). Dieses Rhomboedermodell, welches

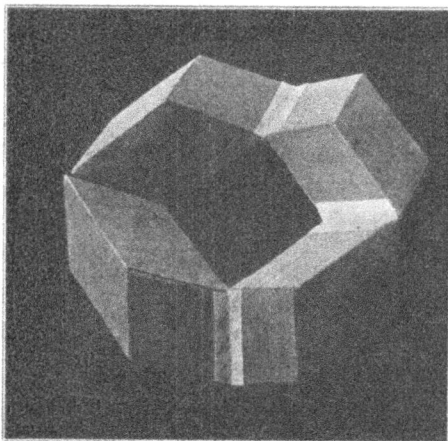

Abb. 16.

fünf Kohlenstoffatome birgt, besitzt jedoch nicht nur die Eigenart, daß die endständigen Ecken sich berühren, sondern sie befinden sich in unmittelbarer Zwillingsstellung zueinander, und zwar in der gleichen wie alle anderen. Wollte man beispielsweise dem vierten Rhomboeder in gleicher Weise ein fünftes angliedern, so müßte man dies an die Stelle des ersten setzen. Die vier Rhomboeder sind also zu einem vollkommen geschlossenen Ring zusammengetreten, in welchem jedes Glied zu den benachbarten äußerlich nicht nur unmittelbar, sondern auch mittelbar nach demselben Zwillingsgesetz orientiert ist. Das Ganze besitzt, ebenfalls rein äußerlich betrachtet, zwei einander senkrecht schneidende Symmetrieebenen. Auch mit

2*

Hilfe der Tetraedermodelle läßt sich für das Pentan eine größte
Näherung der endständigen Gruppen erreichen, wenn man
sie ungezwungen zyklisch miteinander verbindet. Während
aber am Tetraedermodell noch eine Lücke klafft, ist bei den
Rhomboedern äußerlich der Ring geschlossen.

Die besondere Art der .zyklischen Verwachsung gestattet
vielleicht, die besondere Lage des Schmelzpunktes der Va-
leriansäure und ihrer benachbarten Homologen verständlich
zu machen. Wie die bereits erwähnten Kurvenbilder zeigen,
liegen diese Schmelzpunkte abnorm tief.

Weiterhin läßt die besondere Art der Verwachsung nun
auch einen Schluß auf die Größe des Achsenwinkels beim
Äthanrhomboeder zu; man gibt ihm am besten den Wert
von 60°. Da einen gleichgroßen auch jenes Rhomboeder
besitzt, welches, wie oben (S. 2) beschrieben, durch Kombination zweier Tetraeder entsteht, so gewinnt diese Kombination dadurch an Berechtigung. Der Kantenwinkel des
Tetraeders beträgt ebenfalls 60°. Es muß aber geometrischen
Überlegungen zufolge auch jener Winkel hier widerkehren,
welchen die Kohlenstoffvalenzen einschließen. Es ist der den
Zwilling charakterisierende einspringende Winkel; er beträgt
genau 109° 28′ 14″.

Auf diese Art lassen sich alle gesättigten normalen und
isomeren Kohlenwasserstoffe als Zwillinge des Äthans auffassen und auch in Form kleiner handlicher Modelle symbo-
lisieren. Dabei erscheinen die normalen Kohlenwasserstoffe
als polysynthetische, die isomeren als zyklische Viel-
linge. Die Verwachsung selbst erfolgt stets nach dem gleichen Gesetz.

Daß man sich des Äthans als ersten Gliedes bedient,
kann hierbei nicht als Mangel bezeichnet werden. Das Methan
nimmt in verschiedenen physikalischen Eigenschaften, so der
Molekularrefraktion, dem Siedepunkte und der Verbren-
nungswärme eine Sonderstellung ein. Auch v. Weinberg[1]

---

[1] A. v. Weinberg, »Kinetische Stereochemie der Kohlen-
stoffverbindungen«, Braunschweig 1914, S. 21.

geht bei der Ableitung des Molekularvolumens der Kohlenwasserstoffe vom Äthan aus.

3. Die ungesättigten Kohlenwasserstoffe.

a) Das Propylen oder Methyläthylen.

Außer dem bereits behandelten Zwillingsgesetz werden
am Kalkspatrhomboeder aber noch zwei weitere nicht selten
beobachtet. Da nämlich die Rhomboederfläche selbst nicht
Symmetrieebene ist, so kann nach ihr Zwillingsbildung stattfinden. Abb. 17 soll die gegenseitige Lage zweier Individuen
nach diesem Gesetz darstellen und zeigen, daß beide eine
Rhomboederfläche gemeinsam haben. Auf das Äthan übertragen, ist was entstanden? Ange-
nommen, das rechte der beiden sei
das ursprüngliche, so bleibt die untere
Polecke unverändert als Methylgruppe
bestehen, während die obere zum Teil
verschwindet. Auch hier kann man
sich vorstellen, daß durch einen Druck
— diesmal aber auf eine Polkante —
eine Umlagerung eingetreten ist. Damit sind aber zwei Flächen oder zwei

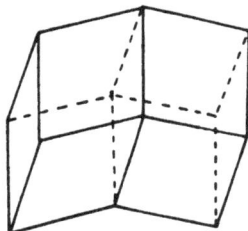

Abb. 17.

Bindungen C—H unterdrückt worden, wogegen die dritte,
beiden Individuen gemeinsam, erhalten bleibt. Zu ihr symmetrisch scheint sich eine neue Methylgruppe in Gestalt der
linken unteren Ecke gebildet zu haben. Von deren drei
Flächen sind jedoch nur zwei neu, die dritte läuft der Zwillingsebene parallel und ist in bezug auf die Richtung der Bindung C—H bereits in der ersten Methylgruppe enthalten. An
Stelle von CH_3 tritt also hier nur CH_2, und so stellt das Ganze
den räumlichen Ausdruck von $CH_3 — CH = CH_2$, vom Propylen, dar. Diese Verbindung gehört ihrem Verhalten gemäß
zu den ungesättigten Kohlenwasserstoffen, den Olefinen,
deren zweites Glied sie ist, denn sie zeichnet sich durch die
Aufnahmefähigkeit weiterer Atome aus und bildet dann be-
ständige Kohlenwasserstoffverbindungen, im besonderen das

Propan durch Aufnahme von Wasserstoff. Valenztheoretisch kommt dies durch das Symbol der doppelten Bindung zum Ausdruck, raumchemisch durch die Kombination zweier Tetraeder vermittelst einer gemeinsamen Kante. Symmetrietheoretisch kann dieser ungesättigte Charakter seinen Ausdruck nur durch das besondere Gesetz der Zwillingsbildung finden. Der Unterschied zwischen diesem und dem früher behandelten Gesetz ist ein rein zahlenmäßiger; während die Rhomboederzwillinge der Grenzkohlenwasserstoffe zwei Rhomboederflächen, gleich zwei Bindungen C — H, als bindendes Glied besitzen, ist es im nun vorliegenden Falle nur eine. Demgemäß ist auch bei den ersteren eine größere Stabilität zu erwarten, und es ist vorauszusehen, daß sich diejenigen der zweiten unter Umlagerung in die der ersten verwandeln, wenn ihnen durch die Aufnahme weiterer Atome Gelegenheit dazu geboten wird. Der Grund des ungesättigten Charakters wird hier also nicht in der Ablenkung hypothetischer, gerichteter Einzelvalenzen gesucht, sondern in der geringeren Stabilität des Kräftegleichgewichts, in welchem sich die beiden Individuen befinden.

Es bleibt diese Zusammengehörigkeit des Zwillingsgesetzes und des ungesättigten Charakters auch dann bestehen, wenn sich am Propylen Zwillingsbildungen sowohl nach dem ersten, wie nach dem zweiten Gesetz wiederholen. Ersteres führt zu den höheren normalen Homologen des Propylens und ihren isomeren Formen, zu den drei Butylenen, fünf Amylenen usw. Das letztere führt zum Butadiën, indem nun auch an die untere rechte Fläche des ursprünglichen Rhomboeders ein weiteres — drittes — sich anlagert. (Abb. 18.) Es verschwindet die untere Polecke bis auf eine Fläche, welche Zwillingsebene ist, und wiederum tritt mit der neuen Polecke nur ein dachförmiges Flächenpaar neu hinzu. Aus CH_3 wird genau, wie vorher $CH_2 = CH$. so daß die **ganze Formel** $CH_2 = CH$ —

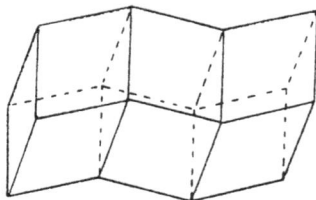

Abb. 18.

$CH = CH_2$ lautet. Den beiden Verwachsungen entsprechend
zeigt diese Verbindung nun auch die Eigenschaften eines
Stoffes mit zwei Doppelbindungen, d. h. doppelte Neigung
zur Aufnahme neuer Atome. Indes besitzt das Butadien
und viele ähnlich gebaute Verbindungen die Eigentümlichkeit, diese Addition so vorzunehmen, als seien nicht
zwei selbständige Doppelbindungen, sondern ein einziger ungesättigter Komplex vorhanden. So lagert es Brom nicht in
1-, 2- oder 3-, 4-Stellung, sondern in 1-, 4-Stellung an: CH_2
$= CH - CH = CH_2 \rightarrow CH_2 Br \cdot CH = CH - CH_2 Br$ [1]). Es
erweckt dadurch den Eindruck, als seien die beiden mittelstän-
digen CH-Gruppen gar nicht vorhanden. Auch diese Besonder-
heit läßt sich symmetrietheoretisch zum Ausdruck bringen. Die
endständigen Rhomboeder sind, wie Abb. 18 zeigt, durch zwei
gleiche und parallele Symmetrieebenen miteinander verbunden und daher gleich orientiert. Die ganze Form nähert
sich einer einzelnen, und zwar
einem einzigen Rhomboeder
(Abb. 19). Man denke sich die
beiden äußeren durch einen
Druck von rechts und links
nach der Mitte zu ineinander
geschoben. so daß das mittel-
ständige ganz verschwindet.
Es bleibt dann ein einziges

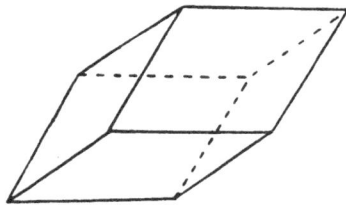

Abb. 19.

Rhomboeder bestehen, dessen Symmetriegrad nun aber ein
zusammengesetzter ist. Zunächst erscheinen die beiden
Zwillingsebenen als ein äußerlich sichtbares Flächenpaar,
während die beiden Methylengruppen die Form eines rhombischen Prismas annehmen. In den Polecken, den Endpunk-
ten der ursprünglich dreizähligen Achse liegen nun je zwei
Kohlenstoffatome, eines aus der Bindung C—H, das andere
aus der Gruppe CH_2. Die dreizählige Achse ist verschwunden und eine zweizählige an ihre Stelle getreten; zugleich
ist auch das Symmetrieelement der zusammengesetzten Symmetrie nicht mehr vorhanden. Demnach gehört zu einem

---

[1]) Thiele, Ann. d. Chem. 1899, 306, 87 und 308, 333.

oberen Wasserstoffatom ein bestimmtes unteres, die freie Wahl ist aufgehoben, also das, was bisher als freie Drehbarkeit bezeichnet wurde und was valenztheoretisch dem Entstehen einer Doppelbindung zugeschoben wird. Man könnte also statt: $CH_2 = CH - CH = CH_2$ schreiben:

$$CH_2 = CH_2.$$
$$\mid \qquad \mid$$
$$CH \qquad CH$$

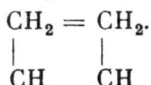

Mit anderen Worten: durch Verschieben der beiden CH-Gruppen treten die beiden CH_2-Gruppen in unmittelbare Beziehung zueinander und betätigen sich als ungesättigte Gruppe. Die Beobachtungen an Verbindungen mit der beschriebenen sog. konjugierten Doppelbindung zeigen nun, daß sowohl die auseinanderliegende, wie auch die zusammengezogene Gruppierung vorkommen, und es wäre eine dankbare Aufgabe, ihren Wechsel systematisch zu studieren.

b) Das Allylen oder Methylazetylen.

Als dritte Möglichkeit der Zwillingsbildung am Rhomboeder ist endlich diejenige nach einer zur Hauptachse senkrechten Ebene zu nennen. Es entsteht dabei eine auch am Kalkspat zu beobachtende Form, wie sie Abb. 20 zeigt. Die eine — untere — Hälfte des Rhomboeders scheint um jene Achse gedreht, so daß nun jede obere Fläche durch direkte Spiegelung — nicht mehr Drehspiegelung — in die zugehörige untere übergeht. Wie aber ist die neue Zwillingsform chemisch zu deuten? Jedenfalls bleibt auch hier wieder die ursprüngliche Polecke als Methylgruppe bestehen, während die zweite vollkommen verschwindet, da durch die Drehung alle drei Flächen unterdrückt worden sind. Die Zwillingsebene, nun zu allen gleich geneigt, schneidet die Kohlenstoff-

Abb. 20.

achse, die gleichzeitig als Zwillingsachse das einzige Gemeinsame beider Individuen ist. Sie versinnbildlicht somit ein

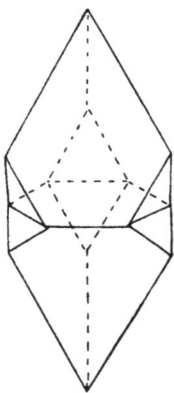

Kohlenstoffatom. Das zweite Rhomboeder fügt zum Ganzen scheinbar eine neue Polecke — Methylgruppe — hinzu, so daß die ganze Form als $CH_3 - C \equiv CH_3$ zu deuten wäre. Vegleicht man sie indessen mit dem Modell des Propans (Abb. 6, 10 oder 14), so wird man erkennen, daß bei diesem jede Fläche der beiden Polecken zur Zwillingsebene anders orientiert ist. Es sind ebensoviel Bindungen $C-H$ als Flächen vorhanden. Schon beim Propylen — Abb. 17 — fiel eine Bindung $C-H$ fort, da die ihr entsprechende Fläche keine neue Richtung in das Gleichgewicht der Kräfte brachte. In dem hier vorliegenden Falle endlich sind alle drei Flächen der neuen Polecke zur gemeinsamen Achse und Ebene gleich geneigt, so daß in der Tat nur eine neue Richtung der Bindung $C-H$ auftritt. Die ganze Form versinnbildlicht also die Formel des Allylens: $CH_3 - C \equiv CH$. Es ist dies das zweite Glied in der Reihe der vom Azetylen abgeleiteten Kohlenwasserstoffe und ist durch die Aufnahmefähigkeit von zwei weiteren einwertigen Atomen und Radikalen gekennzeichnet. Der ungesättigte Charakter wird valenztheoretisch durch das Symbol der dreifachen Bindung, raumchemisch durch die Vereinigung von sechs Valenzen auf eine, zwei Tetraedern gemeinsame Fläche angedeutet. Aber auch die symmetrietheoretische Anschauung wird ihm gerecht, denn nun ist beiden Rhomboedern keine C-H-Bindung, sondern nur die Achse $C-C$ gemeinsam und somit die enorm leichte Aufnahme weiterer Atome unter Umlagerung verständlich.

Die wachsende Additionsfähigkeit des Propans, Propylens und Allylens beruht sonach nur auf der fallenden Zahl an Bindungen $C-H$, welche zwei Individuen eines Zwillings gemeinsam sind. Es nimmt umgekehrt die Beständigkeit zu, je mehr Bindungen sich am Aufbau des Ganzen beteiligen können. Diese ganz geläufige und natürliche Auffassung der Stabilität rückt den Widersinn der Deutung durch die doppelte und dreifache Bindung ins rechte Licht. Zugleich findet die oben gemachte Annahme von der Lagerung der Bindungen $C-H$ in den Ebenen der Rhomboederflächen ihre Berechtigung.

Durch Wiederholung der Zwillingsbildung an der Methylgruppe des Allylens gelangt man zum Diazetylen, HC≡
C — C ≡ CH, einer sehr unbeständigen Verbindung, deren
Symbol äußerlich wieder die Form eines Rhomboeders ist,
deren obere und untere Flächen nur durch wiederholte Spiegelung in parallelen Ebenen normale Lage zueinander ein-
nehmen.

B. Die Äthylenbindung.

1. Das Äthylen.

Bereits bei der Besprechung des Propylens und namentlich des Butadiëns war von der Erscheinung der doppelten
Bindung und des mit ihr auftretenden ungesättigten Charakters ihrer Träger die Rede. Es wurde beim Butadiën gezeigt, daß symmetrietheoretisch die dreizählige Achse der
Bindung C—C in eine zweizählige übergehe. Ein Gleiches
muß auch beim Übergang vom Äthan in Äthylen eintreten,
und es müßte demnach eine solche Achse bei ihm dieselbe
Rolle spielen, wie die dreizählige beim Äthan. Ist diese zugleich eine sechszählige der zusammengesetz-
ten Symmetrie, so dürfte jene eine vierzäh-
lige sein, und dann wäre der Symmetriegrad
des $CH_2 = CH_2$ durch eine Drehspiegelung
um 90^0 vollkommen bestimmt. In der Tat
stellt es sich so als eine Kombination zweier
einzelner selbständiger Gruppen dar, welche
durch die Bindung der beiden Kohlenstoffatome zusammengehalten werden und deren
Wasserstoffatome nicht direkt einander zugeordnet sind. Der
genannte Symmetriegrad ist derjenige der bisphenoidischen
Klasse des tetragonalen Systems.[1]) Für die äußere Form kommt

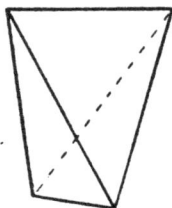

Abb. 21.

----

[1]) v. Groth, a. a. O. 420.

nur diejenige des Bisphenoids in Betracht. (Abb. 21.) Die
Bindung C—C verläuft senkrecht zu den scharfen Kanten
des Doppelkeils, dessen Flächen wiederum der geometrische
Ort der vier Bindungen C—H seien.

Zu den wichtigsten Eigenschaften des Äthylens und seiner
Derivate gehört in erster Linie sein ungesättigter Charakter,
der sich namentlich im Übergang von und zum Äthan und
dessen Derivaten ausdrückt. So entsteht es aus Alkohol
durch Wasserabspaltung, aus Dibromäthan durch Abgabe
von Brom an Zink, anderseits lagert es leicht Wasserstoff zu
Äthan, Chlor, Brom, Brom- und Jodwasserstoff zu Halogen-
derivaten des Äthans an. Es ist deshalb zweckmäßig, beim
Studium dieser Übergänge nicht die geschlossene Form des
Doppelkeils, sondern die offene des Äthanrhomboeders zu
verwenden, von der ein Flächenpaar unterdrückt wird. Dazu
berechtigen die bereits erwähnten Formen des Propylens
und Butadiëns. Der Symmetriegrad des Äthylens besteht
alsdann aus einer zweizähligen Achse und einer zu ihr
senkrechten Symmetrieebene. Am Prismamodell erkennt man,
daß nun jede obere Fläche mit den beiden unteren entweder durch die einfache Symmetrieebene oder durch eine
zweizählige Achse und Ebene der zusammengesetzten Symmetrie verbunden ist. Die Beziehungen je zweier Wasserstoffatome zueinander sind nun vollkommen eindeutig, und damit ist für den Fall der Doppelbindung das zum Ausdruck
gekommen, was valenztheoretisch die Aufhebung der freien
Drehbarkeit genannt wird.

2. Tri-, Tetra- und Pentamethylen.

Wie das Äthylen so charakterisiert auch die Polymethylene
die Unbeständigkeit gegen Halogen, die Halogenwasserstoffe
und naszierenden Wasserstoff. Diese ist eine gesetzmäßige,
und zwar mit der Zahl der Methylengruppen eine abnehmende.
So wird das unbeständigste von ihnen, das Trimethylen von
Brom, Chlor und Jodwasserstoff in Propanderivate über-
geführt. Im Gegensatz dazu unterliegt das Methylderivat
des Tetramethylens dem Einfluß kalter Jodwasserstoffsäure

nicht. Ferner ist gezeigt worden, daß Azetylderivate beider sich gegen naszierenden Wasserstoff verschieden verhalten. Das Trimethylenderivat nimmt diesen zu einem gesättigten Kohlenwasserstoff auf, während die Tetramethylenverbindung ihn verwendet, um die Karbonylgruppe zu derjenigen eines sekundären Alkohols zu reduzieren. Das Pentamethylen endlich und auch die Pentamethylenkarbonsäure sind selbst gegen heiße Halogenwasserstoffsäuren beständig und werden nur schwer zum gesättigten Kohlenwasserstoff reduziert.

Nach dem Vorgange A. v. Bayers[1]) wird dies Verhalten verständlich, wenn man annimmt, daß die Polymethylene ringgeschlossene Verbindungen sind und dabei beachtet, welche Ablenkungen die verbindenden Valenzen bei ebener Anordnung der Kohlenstoffatome erfahren. Da diese nämlich nicht unter einem Winkel aufeinander einwirken können, müssen sie aus ihrer Richtung abgelenkt werden. Sie erfahren dadurch eine Spannung. Diese ist beim Äthylen am größten, da hier der Ablenkungswinkel am größten ist. Er nimmt mit wachsender Anzahl Methylengruppen immer mehr ab, um beim Pentamethylen den kleinsten, beim Hexamethylen ebenfalls einen kleinen, aber negativen Wert anzunehmen. Im selben Sinne verringert sich auch die Spannung und damit das Bestreben, durch Aufnahme neuer Atome in gesättigte Kohlenwasserstoffe oder deren Derivate überzugehen.

Die hier gegebene Deutung, die unter dem Namen der Spannungstheorie bekannt ist, erinnert an die Erscheinung, daß die fortgesetzte Anlagerung von Tetraedern bei den gesättigten Kohlenwasserstoffen zur wachsenden Näherung endständiger Gruppen führt. Denn namentlich bei den Derivaten des Butans und des Pentans finden intramolekulare Reaktionen unter Ringschluß viel leichter statt, als bei denjenigen des Äthans und Propans. Laktone und Laktame entstehen leicht aus γ- und δ-Säuren, schwer aus α- und β-Säuren — Diketone geben ringförmige Furfuranderivate. Auch die Verzwillingung durch Rhomboeder wird dem, wie S. 11 gezeigt, gerecht, ja sie führt die Enden des Ringes nicht nur nahe

---

[1]) Berl. Ber. 18 (1885) 2277.

zusammen, sondern orientiert sie zueinander, als wären sie die Individuen eines einzelnen Zwillings. Danach erscheint das Pentan als ein aus vier Rhomboedern gebildeter, äußerlich vollkommen geschlossener Ring, in welchem sich die beiden Methylgruppen in unmittelbarer Zwillingsstellung einander gegenüberstehen (Abb. 16). Findet nun zwischen diesen Umlagerung im Sinne der Zwillingsbildung statt, so wird der Ring auch innerlich vollkommen geschlossen. Dabei verwandelt sich jede der beiden Methylgruppen unter Verlust je einer Bindung C—H in eine Methylengruppe. Das Pentan ist in Pentamethylen übergegangen. Der ganze Komplex besitzt nun nicht nur äußerlich, sondern auch in der gesamten Verteilung der Kräfte vier Zwillings- und Symmetrieebenen, von denen je zwei nächstbenachbarte in einer gemeinsamen liegen und erhält somit einen hohen Grad innerer Geschlossenheit.

Es wird dies noch verständlicher, wenn man nun nach dem Symmetriegrad des Tetramethylens fragt. Auch beim Butan stehen bei zyklischer Verwachsung die endständigen Methylgruppen in Zwillingsstellung zueinander. Aber die Mittelbarkeit ist durch das Fehlen des vierten Rhomboeders nicht so vollkommen, wie beim Pentan. Findet nun auch hier Unterdrückung je einer Bindung C—H an den Enden statt, so wird der Symmetriegrad des an sich schon offenen Komplexes nicht gesteigert. Während also beim Pentan die letzte Zwillingsbildung zu einem in sich geschlossenen Ring, mit einem in diesem verlaufenden Kräfteausgleich führte, bleibt dieser beim Butan aus, weil eben kein Ringschluß eintritt.

Ein gleiches gilt vom Propan und dem aus ihm ableitbaren Trimethylen, dessen Polecken eine nur mehr zweizählige Achse besitzen, welche ihrerseits leicht in die ursprüngliche dreizählige übergehen. Auch hier ist also die ganze Form nicht zum Ring geschlossen.

Greift man endlich auch auf das Äthan zurück, so führt die Unterdrückung je einer Bindung C—H an jeder Polecke zu derjenigen äußeren Form des Äthylens, wie sie oben erwähnt wurde.

C. Die Azetylenbindung.

1. Das Azetylen.

Es ist gewiß ein interessantes Zusammentreffen, daß wie es drei verschiedene Kohlenstoffbindungen gibt, so auch drei — und nur drei — verschiedene Arten der Drehspiegelung. Besitzt das Äthan diejenige einer sechs- resp. dreizähligen Achse, das Äthylen diejenige einer vier- resp. zweizähligen, so kommt dem Azetylen mit Recht die einer zwei- resp. einzähligen zu. Das C_2H_2 wird also am besten durch ein Pinakoid, ein einfaches Paar paralleler Flächen dargestellt, deren jede der geometrische Ort einer Kohlenstoff-Wasserstoffbindung ist. Die Richtungen dieser Bindungen können nur entgegengesetzt sein, da gleichgerichtete Kräfte dem genannten Symmetrieelement nicht entsprechen. Somit sind geometrische Isomerie und Enantiomorphie ausgeschlossen; es gibt nur ein Azetylen. Wegen seiner vielfachen Beziehungen zu den Äthylen- und Äthanderivaten läßt sich das Azetylen auch von letzterem ableiten. Wie bei der Ableitung von Hemiëdrien aus holoëdrischen Formen denke man sich auch hier gewisse Flächen, d. h. gewisse Kohäsionsmaxima, unterdrückt. Es bleibt dann vom Äthanrhomboeder das oben beschriebene Flächenpaar übrig. Die unterdrückten Kräfte sind latent, doch jederzeit bereit, sich zu betätigen, und zwar unter allmählicher Aufnahme von Wasserstoff oder anderen gleichwertigen Komponenten, oder aber durch plötzlichen gänzlichen Zerfall und schnelle Absättigung. Darin beruhen die explosiblen Eigenschaften des Azetylens. Was nun seine Entstehung beim Durchleiten von Äthan und Äthylen durch glühende Röhren anbetrifft, so ist dies als ein einfacher Dissoziationsvorgang zu betrachten, wie es bereits von F. W. Hinrichsen[1]) geschehen ist. Zur Unterdrückung von vier Bindungen C—H muß eben eine gewisse Energiemenge aufgewandt werden, und so enthält das Azetylen den doppelten Betrag derselben in latenter Form.

---

[1]) F. W. Hinrichsen, Valenzlehre. Samml. chem. und chem.-techn. Vorträge, S. 223.

2. Das Benzol.

Bekanntlich entsteht aus dem Azetylen durch Polymerisation das Benzol. Es verwendet also die in ihm schlummernden Kräfte, namentlich dann, wenn sie bei Energiezufuhr beginnen wieder rege zu werden, dazu, um Gleiches zu binden. Wie nun Kekulé gelehrt hat, findet dabei ein Ringschluß statt; die ursprüngliche Bindung der Kohlenstoffatome wird aufgehoben und geht in eine ringförmige über. Die so gewonnene Benzolformel entspricht nun den Tatsachen nicht, da sie Isomere erwarten läßt, die nicht beobachtet werden. Zur Umgehung der Schwierigkeiten sind nicht nur Hilfshypothesen, sondern auch noch andere Benzolformeln aufgestellt worden, die eine andere Verteilung der Kohlenstoffvalenzen vornehmen. Sie haben sich teils bewährt, teils stoßen sie auf Widerspruch mit den Tatsachen, so daß es nicht nötig ist, hier auf sie weiter einzugehen. Es sei auf die zahlreiche Literatur verwiesen, insbesondere auf die diesbezüglichen Kapitel von H. Kauffmanns Valenzlehre. Man ist schließlich zu einer von Armstrong vorgeschlagenen und von v. Baeyer benutzten »zentrischen« Benzolformel übergegangen, welche eine gegenseitige Lähmung der sechs ins Innere gerichteten vierten Valenzen vorsieht. Es findet also nicht wie bei der Clausschen Diagonalformel eine gegenseitige Bindung statt, und es ist auch jener Zustand der Lähmung ausschlaggebend für den besonderen aromatischen Charakter des Benzols.

Auch symmetrietheoretisch wird man von einem Ringschluß sprechen können, wenn sich drei Azetylen-Pinakoide so aneinanderlagern, daß sich ein sechsflächiges Prisma bildet (Abb. 22). In diesem offenen, d. h. durch keine Endflächen geschlossenen Gebilde sollen nun die Bindungen C—H parallel der Hauptachse des Ganzen verlaufen. Bei symmetrischer Verteilung der drei Azetylen-

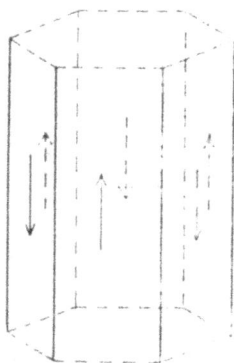

Abb. 22.

komplexe sind dann aber die Richtungen der Bindungen
C—H bei benachbarten Flächen stets entgegengesetzt, bei
nächstbenachbarten dagegen gleich gerichtet. Ein Schnitt
senkrecht zur Hauptachse des Ganzen liefert ein regel-
mäßiges Sechseck, in dessen Seiten nun abwechselnd von
oben nach unten und umgekehrt die Bindungen C—H verlaufen. Abb. 23 stelle ein solches Sechseck dar, und zwar
bedeute ein kleines Kreischen eine von unten nach oben und
ein Kreuzchen eine umgekehrt verlaufende Bindung. Die
Mittellinien zweier gegenüberliegender Seiten sind die Pro-

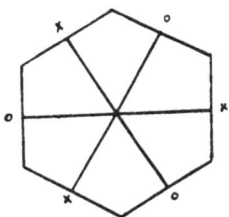

Abb. 23.

jektionen der drei schräg durch das Ganze
verlaufenden Bindungen C—C. Der auf
diese Weise entstandene Zwilling, d. h.
genauer Drilling, erhält nun seine ganz
besonderen — aromatischen — Eigenschaften dadurch, daß er nach außen
einen Symmetriegrad annimmt, der ihm
in Wirklichkeit nicht zukommt. Das
Benzol steht auf derselben Stufe unter
seinesgleichen, wie die mimetischen Zwillinge unter den Kri-
stallen, und die symmetrisch höhere Form, die es nachzu-
ahmen anstrebt, ist keine andere, als die des Äthanrhomboeders. Der Unterschied zwischen beiden beruht darin, daß
dieses eine wirkliche sechszählige Achse besitzt, während jenes
eine solche entbehrt. Sonst aber sind die Verhältnisse die
gleichen. Man denke sich die C—C-Achse des Äthanrhomboeders ins Unendliche wachsen, dann geht es in ein sechsseitiges
Prisma über, die Flächen, welche abwechselnd oben und unten
lagen, rücken nebeneinander, je eine obere zwischen zwei
untere. Die Bindungen C—H wechseln, wie oben beschrieben,
ab, bald von unten nach oben, bald umgekehrt verlaufend.
Daß das Benzol aber wirklich nur ein Täuscher ist, das offen-
bart sich, wenn man nun Substitutionen vornimmt. Der erste
Substituent kann, wie beim Äthan, jede Stelle annehmen,
da alle gleichwertig, der zweite, gleichartige oder verschiedene,
aber hat die Wahl. Beim Äthan ist es entweder die gleiche
CH_3-Gruppe oder die andere, welche ihn aufnimmt. Im letzteren Falle stehen ihm wohl zwei verschiedene Orte zur Ver-

fügung, indes die freie Drehbarkeit um die Achse des Ganzen läßt dies nicht zu. Ganz anders beim Benzol, hier fehlt die Achse und so sind drei verschiedene Stellungen zweier Substituenten, den drei Einzelindividuen entsprechend, möglich. In der Parastellung befinden sich beide Substituenten am gleichen, in der Orthostellung am benachbarten Azetylenindividuum. In beiden Fällen sind die Bindungen entgegengesetzt gerichtet. Die Metastellung endlich, welche mit unsymmetrischen Disubstitutionsprodukten des Äthans zu vergleichen ist, besitzt gleichgerichtete Bindungen; sie nimmt hier wie dort eine Sonderstellung ein.

Zur Vervollständigung des Symmetriegrades muß hinzugefügt werden, daß im ganzen Komplex die drei Elemente der Drehspiegelung verschwinden, dafür aber die drei Paar Bindungen C—H als Symmetrieebenen auftreten. Ihre Projektion fällt in der Abbildung mit derjenigen der drei Achsen zusammen. Sie bewirken den Zusammenhalt des Ganzen und sind die Ursache der hohen Stabilität des Benzols.

. So zeigt sich an ihm wie an den Paraffinen und den zum Ring geschlossenen Kohlenwasserstoffen, daß eine Anhäufung von Symmetrieelementen, d. h. eine Erhöhung des Symmetriegrades stets zu einer innigeren Geschlossenheit der Form und damit verringerten Reaktionsfähigkeit führt. Umgekehrt wird jedes Verschwinden eines Symmetrieelementes die Form öffnen und sie der Einwirkung fremder Kräfte gefügiger machen. Und das erklärt nun auch die ungleich größere Verwendungsfähigkeit des Benzols im Gegensatz zum Äthan. Dieses hält in strengster Form sechs Bindungen C—H an eine Achse gefesselt, während jenes die gleiche Zahl von Kräften zu freier Betätigung vergesellschaftet und trotzdem zu hoher Beständigkeit zusammenhält.

Schlußwort.

Im vorhergehenden ist nur ein Teil, vielleicht der dankbarste, derjenigen chemischen Verbindungen behandelt worden, welche durch Einfachheit und symmetrischen Aufbau leicht der eingeschlagenen Betrachtungsweise zugängig sind. Von den wichtigeren Kohlenwasserstoffen fehlen noch das Methan, Hexa- und Heptamethylen, Naphthalin, Anthracen u. a. m., doch wird man auch diese leicht unterbringen können. Naphthalin und überhaupt die mehrkernigen Kohlenwasserstoffe verraten auf den ersten Blick die Fähigkeit des Benzols zu weiterer Zwillingsbildung; und so handelt es sich hier nur noch um die Erkennung des Zwillingsgesetzes. Das Methan dagegen, als einfachster Kohlenwasserstoff, erhält wegen der Sonderheit seiner Eigenschaften auch einen Sonderfall der Form. Einen solchen hat nun auch das spitze Rhomboeder beim Übergang zum stumpfen, es bildet einen Würfel. Dies ist auch für den Kristallographen bei Beurteilung der Kristallstruktur von Wichtigkeit[1]). In ihm sind alle vier Diagonalen gleich, während im Rhomboeder nur drei gleiche und eine ungleiche vorhanden sind. Auf die Enden der Bindungen C-H übertragen, wird also im Würfel die Länge C-C gleich derjenigen von H-H. Denkt man sich die beiden C-Atome in der Mitte vereinigt, so liegen vier gleichwertige — bipolare — Bindungen in den Diagonalen.

Aber auch die komplizierteren organischen Verbindungen, so die Substitutionsprodukte der Grenzkohlenwasserstoffe,

---

[1]) v. Groth, a. a. O., S. 552.

können in die Betrachtung eingezogen werden, gilt doch die
Regel der »freien Drehbarkeit« gerade für den Ersatz von
einem und zwei Wasserstoffatomen.

Wird sie endlich durch Asymmetrie des Kohlenstoff-
atoms aufgehoben, so wird die Enantiomorphie irgend einer
naheliegenden Form, z. B. des Trapezoeders, auch den Eigen-
arten solcher Verbindungen gerecht werden können.

Damit aber ist die Ausdehnbarkeit der Betrachtungsweise nicht erschöpft, birgt doch die Geometrie der Kristalle
eine solche Fülle von Formen, die zur Anwendung auf stereo-
chemische Aufgaben geradezu reizt. Da sie außerdem nach
Maßgabe ihrer Symmetrieelemente theoretisch fest begründet
und umgrenzt ist, so wird sich eine auf ihr fußende Syste-
matik nicht ins Uferlose verlieren, wie es derjenigen chemischer
Verbindungen ergeht, die sich von der Konstanz der Valenz
lossagt. Man wird vielmehr im Symmetriegrad den räum -
lichen Ausdruck dieser wiederfinden.

Zwei Grenzbeispiele mögen das Gesagte beleuchten.
Die — polare — Bindung zweier Atome, des Natriumatoms und
des Chloratoms, zum Chlornatrium findet ihren Ausdruck
in einer einzelnen Fläche, wie sie als einfachste Form in
der asymmetrischen Klasse des triklinen Systems auftritt, und
der chemischen Unwandelbarkeit der Elemente entsprechen
am besten die Formen des kubischen Systems. Beiden
kommt der höchste Symmetriegrad zu, die höchste innere
Geschlossenheit der Kräfte.

Theoretisch hier weiter zu gehen, lohnt nicht, doch wer
sich mit dem Behandelten näher beschäftigt, der wird bald
auf praktisch zu lösende Aufgaben stoßen, die des Schweißes
der Edlen wohl wert sind.

www.ingramcontent.com/pod-product-compliance
Lightning Source LLC
Chambersburg PA
CBHW031456180326
41458CB00002B/793